BIBLIOTHÈQUE LITTÉRAIRE

In-12 3me Série

OISEAUX CHASSEURS

Histoire Naturelle vulgarisée

ORNITHOLOGIE POPULAIRE

GRANDS & PETITS RAPACES

OISEAUX CHASSEURS

Par A. DUBOIS

LAURÉAT DE LA SOCIÉTÉ PROTECTRICE DES ANIMAUX
De la Société pour l'Instruction élémentaire
DE LA SOCIÉTÉ CENTRALE D'APICULTURE ET D'INSECTOLOGIE
De la Société d'Instruction et d'Éducation populaires, etc., etc.

LIMOGES

MARC BARBOU ET Cⁱᵉ, IMPRIMEURS-LIBRAIRES

Rue Puy-Vieille-Monnaie

—

1882

OISEAUX CHASSEURS

~~~~~~

I

LE FAUCON

Le *faucon* est, de tous les oiseaux de proie, celui dont le courage est le plus franc et le plus grand, relativement à sa taille et à ses forces. Il fond sans détour et tombe presque perpendiculairement sur sa proie, tandis que l'autour et la plupart des autres rapaces arrivent de côté sur celle qu'ils se sont choisie.

Il ne recule devant aucun ennemi, tue sa victime, la mange sur les lieux si elle est trop grosse, l'emporte si elle n'est pas trop lourde, en se relevant perpendiculairement comme il est venu. Il arrive de si haut, son apparition inopinée est si imprévue, qu'on croirait qu'il tombe des nues. Il attaque fréquemment le milan; mais, s'il faut en croire d'anciens auteurs, il le traite comme un lâche, le chasse devant lui, le frappe avec dédain, lui arrache quelques plumes, sans jamais le mettre à mort. Peut-être serait-il plus juste de mettre sur le compte de la résistance qu'il éprouve, la prétendue générosité du faucon.

Le *faucon commun*, *faucon voyageur* ou *faucon pèlerin*, que l'on rencontre en France, est l'espèce la plus répandue. Ce bel oiseau doit son nom de pèlerin ou voyageur à son besoin d'excursions, à son amour des pérégrinations. Il a environ cinquante centimètres de longueur et un mètre dix centimètres d'envergure ; la femelle, notablement plus grande, atteint soixante centimètres de longueur et un mètre trente centimètres d'envergure.

Lorsqu'il est adulte, le faucon a le dos gris-ardoise semé de taches triangulaires plus foncées et disposées en forme de bandes ; le front est gris ; les joues sont noires, et de larges moustaches de même couleur descendent sur les côtés du cou. La queue est rayée de gris cendré ; les pennes des ailes sont d'un noir d'ardoise, jaunâtres à l'extrémité et mouchetées de taches d'un jaune de rouille sur les barbes internes. La gorge, le devant du cou, le haut de la poitrine sont d'un jaune tirant sur le blanc. Le bas de la poitrine est marqué de raies et de taches cordiformes d'un jaune brun sur un fond d'un jaune rougeâtre ; le ventre porte, sur un fond de même couleur, des taches transversales foncées plus fortement prononcées sur les cuisses.

Le bec est bleu clair, avec la pointe jaune ; les pieds sont complètement jaunes ; le cercle nu qui entoure l'œil est jaune et l'iris est brun foncé.

Les faucons se plaisent sur les lieux élevés, au milieu des rochers et dans les solitudes des montagnes. Ils en descendent, en été, pour fondre sur leur proie, quand la nourriture fait défaut sur les hauteurs. S'ils s'en éloignent en hiver, pour chasser dans la plaine, c'est que la rigueur de la saison et la disette les y contraignent.

Bien que les grandes forêts soient le séjour préféré des faucons, on les rencontre cependant assez fréquemment dans les villes, et on en a vu nicher sur les hautes tours des édifices.

« Le faucon voyageur, dit Naumann, est fort, courageux et agile ; sa stature vigoureuse, son œil étincelant révèlent du premier abord toutes ses qualités. »

Cet oiseau est la terreur de toutes les créatures ailées, depuis les plus gros oiseaux jusqu'aux plus petits. S'il attaque l'oie sauvage, il ne dédaigne pas l'alouette ; il exerce de grands ravages dans les compagnies de perdreaux, décime les bandes de pigeons, et massacre les corneilles qui sont isolées.

Il éprouve quelques difficultés à capturer un oiseau à terre ; l'impétuosité de son attaque est telle, qu'il risquerait de se briser sur le sol; mais il enlève facilement ceux qui nagent ou qui sont perchés. Sa poursuite est si rapide que l'œil ne peut la suivre : on entend un bruit ; on voit quelque chose qui fend l'air, mais on ne peut en définir la nature.

Tous les oiseaux connaissent le faucon pèlerin, et emploient toutes sortes de ruses pour échapper à sa mortelle étreinte.

Ce rapace construit son nid dans les fissures des rochers les plus inaccessibles, et, autant que possible, exposés au midi. Lorsqu'une disposition de ce genre lui fait défaut, il niche sur un arbre élevé, et utilise un nid de corneille dont il a, quelquefois, chassé le propriétaire.

La ponte est de trois ou quatre œufs arrondis, tachetés de brun, que la femelle couve seule pendant que le mâle se livre à ses exercices de haut vol. La première nourriture des jeunes est de la chair que les parents ont à moitié digérée dans leur jabot; quand ils sont plus forts, ils leur apportent des oiseaux; et, dès qu'ils ont pris leur essor, ils leur apprennent à capturer eux-mêmes leur proie.

La présence d'un faucon dans une contrée est un véritable fléau; les dégâts qu'il cause sont considérables.

Tout le monde sait qu'au moyen-âge, on utilisait les instincts des faucons en les soumettant à une éducation longue et pénible, qui les rendait aptes à la chasse. L'art d'élever ces oiseaux prit bientôt de grandes proportions et constitua la *fauconnerie*. Cette sorte de chasse qui pendant près de cinq cents ans a été l'un des amu-

sements favoris de la noblesse, n'est guère
usité aujourd'hui qu'en Perse et dans quelques contrées de l'Afrique. L'invention de
la poudre, le déboisement des terrains et
surtout les changements survenus dans
les mœurs l'ont, peu à peu, fait abandon-
ner. Il n'est cependant pas sans intérêt de
connaître en quoi consistait l'art de la fauconnerie.

« L'homme, dit Buffon, n'a point influé
sur la nature des faucons. Quelque utiles
aux plaisirs, quelque agréables qu'ils soient
pour le faste des princes chasseurs, jamais
on n'a pu en élever, en multiplier l'espèce.
On dompte à la vérité le naturel féroce de
ces oiseaux par la force de l'art et des
privations : on leur fait acheter leur vie
par des mouvements qu'on leur comman-
de ; chaque morceau de leur subsistance

ne leur est accordé que pour un service
rendu. On les attache, on les garrotte, on
les affuble, on les prive même de lumière
et de toute nourriture pour les rendre plus
dépendants, plus dociles, et ajouter à leur
vivacité naturelle l'impétuosité du besoin;
mais ils servent par nécessité, par habi-
tude et sans attachement; ils deviennent
captifs sans devenir domestiques; l'indi-
vidu seul est esclave, l'espèce est toujours
libre, toujours également éloignée de l'em-
pire de l'homme; ce n'est même qu'avec
des peines infinies qu'on en fait quelques
prisonniers, et rien n'est plus difficile que
d'étudier leurs mœurs dans l'état de nature. Comme ils habitent les rochers les
plus escarpés des plus hautes montagnes,
qu'ils s'approchent très rarement de terre,
qu'ils volent d'une grande hauteur et d'une

rapidité sans égale, on ne peut avoir que peu de faits sur leurs habitudes naturelles. »

« Il y a, dans la fauconnerie, plusieurs sortes de *vols*. Il y a le vol pour le milan, auquel on emploie le *gerfault*, et quelquefois le *sacre*, ainsi que pour le vol du héron ; le vol pour la corneille et la pie, celui de la perdrix, celui des oiseaux de rivière, et le vol pour le *poil*.

» Les fauconniers distinguent les oiseaux de chasse en deux classes, savoir :

» Ceux de la *fauconnerie*, proprement dite, et ceux qu'ils appellent de l'*autour-serie* ; et, dans cette seconde classe, ils comprennent non-seulement l'autour, mais encore l'*épervier*, les *harpayes*, les *buses*, etc... »

« Huber divise les oiseaux de proie, en

considérant la conformation de leurs ailes, en *rameurs* et en *voiliers*; en s'occupant de la conformation de leurs serres, en *nobles* et *ignobles*. Les rameurs s'élèvent dans les hautes régions de l'air ; ils y poursuivent, attaquent et saisissent leur proie à toutes les hauteurs, ou ils fondent sur elle comme un trait ; ils doivent leurs avantages et la victoire qui les suit partout, à leur seule constitution. Les oiseaux voiliers ne s'élèvent qu'à une hauteur moyenne pour découvrir une proie courante ou qui ne vole jamais très haut; ils la poursuivent à tire-d'ailes, cherchent à la joindre, ou par vitesse ou par des ruses qui suppléent en eux aux facultés physiques. Dans les rameurs, l'aile est mince, déliée, peu convexe, et fortement tendue quand elle est déployée : les dix premières

plumes de l'aile sont entières ; elles forment une rame à plan continu ; la seconde
plume de l'aile est la plus longue ; les
mouvements de ces ailes sont aisés, rapi-
des, forts, et ont un effet complet. Aussi
les oiseaux rameurs volent-ils contre le
vent, la tête haute et portée en avant ;
ils s'élèvent sans peine dans les plus hautes régions où ils se jouent dans tous les
sens et se portent de tous les côtés.

» Dans les oiseaux voiliers, l'aile est
plus épaisse, massive, arquée et moins
tendue pendant le vol ; les cinq premières
plumes de l'aile sont échancrées depuis
leur milieu jusqu'à leur extrémité ; la quatrième plume est la plus longue ; ces ou-
vertures ou échancrures forment une surface interrompue : les mouvements de ces
ailes sont pénibles, lents, ont moins d'ac-

tion et produisent moins d'effet; ils ne peuvent voler avec avantage que vent-arrière, la tête basse et inclinée ; ils ne s'élèvent que pour découvrir leur proie. L'iris des rameurs est noir, tandis qu'il est jaune chez les voiliers.

» Les fauconniers avaient remarqué la différence de vol que nous venons d'indiquer ; mais ils n'avaient considéré que l'effet, sans en rechercher les causes : ils désignent sous le nom d'*oiseaux de haut vol*, ou de *leurre*, ceux que Huber appelle rameurs ; tels sont le faucon, le gerfault, le sacre, le hobereau et l'émerillon. Ils appellent *oiseaux de bas vol* ou de *poing*, ceux que le même auteur nomme voiliers ou *oiseaux planants*. Cette dernière dénomination peint bien leur vol lorsque, les ailes étendues, immobiles, soulevés par le vent, ils sont emportés suivant son cours sans action de leur part, ou au moins avec une action très bornée. Ces oiseaux de basse volerie sont l'autour et l'épervier.

» Les oiseaux rameurs ou de haut vol sont réputés *nobles*, et le *faucon* est à la tête, parce que tous ses doigts sont longs et déliés. Cette serre, qui est une main, est ornée d'instruments offensifs ; ce sont des ongles plus ou moins longs, arqués et aigus. Les oiseaux de bas vol ou voiliers sont réputés *ignobles*, parce que leurs doigts sont courts et massifs. La *buse* est au dernier rang des oiseaux ignobles. Le bec, cette arme si redoutable, est plus arqué, plus acéré dans les rameurs ; sa pointe est accompagnée, de chaque côté, d'une échancrure et d'une aspérité ; le bec des voiliers a la pointe émoussée, simple et unie sur les côtés ; sa courbure est plus éloignée de son origine.

» Les oiseaux de proie que l'on dresse à la chasse du vol sont, ou des oiseaux *niais*, ou des oiseaux *hagards*. On appelle oiseaux niais ou *béjaunes*, ceux qui ont été pris dans le nid ; ils sont les plus aisés à dresser. Les oiseaux hagards sont ceux qui ont joui de leur liberté avant d'être pris ; ils sont plus farouches et plus difficiles à apprivoiser.

» Les besoins étant le principe de la dépendance de l'oiseau, s'il est trop farouche, on l'affame ; on cherche même à augmenter son appétit en lui faisant avaler, au lieu de viande, des petits paquets de filasse. On l'empêche de dormir pendant plusieurs jours et plusieurs nuits ; s'il est méchant, on lui plonge la tête dans l'eau ;

et, après toutes ces épreuves, on satisfaît son appétit. Se voyant bien traité, l'oiseau paraît soumis, il se familiarise, et le fauconnier en fait bientôt ce qu'il veut. Indépendamment des signes de force et de courage, qui sont un bec robuste, une poitrine nerveuse, des jambes courtes, des ongles fermes et recourbés, une des marques les moins équivoques de la qualité des oiseaux de proie est de *chevaucher le vent*, c'est-à-dire de se roidir contre et de tenir ferme sur le poing quand on les y expose. Le principal soin du fauconnier est d'accoutumer l'oiseau de proie à se tenir sur le poing, à partir quand il le jette, à connaître sa voix ou même un simple signal, et à revenir à son ordre. Pour amener l'oiseau à ce degré d'éducation, on se sert d'un *leurre*.

» Le leurre est une représentation gros-
sière d'un oiseau de proie ; c'est un morceau d'étoffe ou de bois peint et garni d'un
bec, de pieds et d'ailes ; on y attache de
quoi paître l'oiseau. On lui jette le leurre
quand on veut le rappeler : La vue d'une
nourriture qu'il aime, jointe au cri d'ap-
pel du fauconnier, le ramène bien vite ;
et, dans la suite, la voix seule suffit. On
donne le nom de *tiroir* aux différents plu-
mages dont on équipe le leurre ; et on
change le plumage suivant l'espèce d'oiseau
à la chasse duquel on veut le dresser ;
c'est tantôt celui du perdreau, tantôt celui
du héron ou du milan. La chair qu'on attache sur le leurre pour affriander l'oiseau
doit toujours être placée sous les plumes
du prétendu gibier ; on y ajoute du sucre,
de la moelle, et d'autres substances pro-

pres à exciter le faucon. Ainsi préparé,
quand il chasse réellement, il tombe sur
sa proie avec une adresse merveilleuse.
Pendant toute la durée des exercices, on
le tient attaché à une ficelle d'une longueur
suffisante.

» Le moment est venu d'essayer l'oiseau en pleine campagne ; on lui attache
des grelots aux pieds pour être plus tôt
instruit de ses mouvements. On le tient
toujours *chaperonné*, c'est-à-dire la tête
couverte d'un cuir qui lui descend sur les
yeux, afin qu'il ne voie que ce qu'on veut
lui montrer. Aussitôt que les chiens arrêtent ou font lever le gibier que l'on cherche, le fauconnier déchaperonne l'oiseau
et le jette en l'air après sa proie. C'est
alors un spectacle curieux que de le voir
ramer, planer, voler en pointe, monter et

s'élever par degrés, jusqu'à perte de vue, dans la moyenne région de l'air. Il domine la plaine, il étudie les mouvements de sa proie que l'éloignement de l'ennemi a rassurée; puis, tout-à-coup, il fond sur elle comme un trait, et la rapporte à son maître qui le rappelle. On ne manque jamais, surtout dans le commencement, de lui donner, quand il est retourné sur le poing, le gésier et les entrailles de la proie qu'il a apportée.

» On dresse ces oiseaux au *poil*, c'est-à-dire à poursuivre le lièvre; on peut même dresser de jeunes faucons, forts et vigoureux, à la chasse du chevreuil, du sanglier et du loup. Pour y parvenir, on bourre la peau d'un de ces animaux; on met dans le creux de ses yeux la nourriture que l'on a préparée pour le faucon, et l'on a soin

2

de ne point lui en donner d'autre; on traîne l'animal mort, pour le faire paraître en mouvement, comme s'il avait vie; le faucon se jette aussitôt dessus. Le besoin de manger le rend industrieux et attentif à se bien coller sur le crâne pour fourrer son bec dans l'œil malgré le mouvement. Quand on mène l'oiseau à la chasse, il ne manque pas de fondre sur la première bête qu'il aperçoit, et de se planter sur sa tête pour lui becqueter les yeux; il l'arrête, par ce moyen, et donne ainsi au chasseur le temps de venir et de la tuer sans danger pendant qu'elle est plus occupée de l'oiseau que du chasseur.

» Ordinairement, le mâle du faucon sert pour le vol de la perdrix, de la pie, du geai, des merles, etc...

» On emploie la femelle, qui est plus

forte, pour le vol de la grue, du milan, du lièvre, etc... »

C'était un noble et fier oiseau, inaccessible à la crainte, indifférent au bruit de la fusillade et au tumulte de la bataille, ce faucon qui, pendant l'expédition de Crimée, avait été dressé par un zouave à enlever les casquettes des Russes et à les rapporter au camp français. Nous rééditons son histoire, empruntée aux *Souvenirs de l'Expédition de Crimée*, de Louis Noir.

« Devant Sébastopol, dans la journée du quatre novembre, au plus fort du bombardement, notre armée fit une perte regrettable : il ne s'agissait pourtant que d'un faucon, mais il faisait les délices des gardes de tranchées, par l'amusant spectacle qu'il leur donnait chaque jour.

» Il avait été amené en Crimée par un

zouave, qui le tenait d'un chef arabe : les grands seigneurs algériens ont presque tous un goût très prononcé pour la chasse au vol.

» Le zouave, ne pouvant plus lancer son faucon contre le gibier, plus rare en Crimée qu'en Afrique, dressa l'oiseau à fondre sur un mannequin russe, coiffé d'une casquette, puis il l'habitua à rapporter cette casquette dans ses serres.

» Quand la nouvelle éducation du faucon fut terminée, il l'emporta avec lui dans les tranchées et le lança. L'oiseau prit son vol, aperçut des russes couchés dans leurs embuscades, fondit sur l'un d'eux, enleva sa casquette et revint à tire-d'aile, apportant son butin à son maître. On cria bravo sur toute la ligne des parallèles; les russes étaient stupéfaits.

» Le faucon fut lancé une seconde fois : les sentinelles ennemies lui envoyèrent une volée de balles qui se perdirent inutilement. L'oiseau s'enleva à une grande hauteur; et nos adversaires purent croire qu'il s'était envolé pour toujours ; ils se recouchèrent derrière leurs abris. Soudain, une sorte de pelote noire sembla se détacher du ciel, tomba avec une surprenante rapidité sur une embuscade, et décoiffa de nouveau une sentinelle.

» Les bravos redoublèrent dans nos lignes ; les Russes étaient furieux.

» Plusieurs officiers envoyèrent chercher des fusils de chasse à Sébastopol ; ils attendirent le retour du faucon. L'oiseau ne tarda pas à s'abattre sur un factionnaire, après avoir plané quelque temps. Les chasseurs, qui le guettaient, tirèrent

2.

ils le manquèrent; l'un d'eux envoya même une charge de plomb dans le dos d'un soldat qui, stupéfait de recevoir une blessure par derrière, et ahuri par la douleur, se mit à courir vers nos tranchées, où il fut reçu avec tous les honneurs dus au courage malheureux. Le faucon continuait néanmoins le cours de ses exploits ; toute la garnison était accourue derrière les remparts, chacun suivait anxieusement du regard les péripéties de cette chasse aux casquettes.

» Lorsque l'oiseau partait de nos lignes, les assiégés portaient aussitôt la main à leur coiffure ; mais le faucon savait si bien choisir son temps qu'il prenait toujours quelqu'un des assiégés en défaut. Les Russes commençaient à s'impatienter vivement de se voir à la merci du faucon :

un oiseau bravant vingt mille hommes,
il y avait de quoi exaspérer une armée !
Les rires de nos troupiers surtout outraient
les Russes ; ils envoyaient des volées de
mitraille sur les points où ces rires écla-
taient. Un incident grotesque mit le comble à la fureur de l'ennemi :

» Un général, chargé de visiter les batteries, parut avec son état-major ; le faucon remarqua ce groupe qui se détachait
du reste des troupes ; il trouva sans doute,
la casquette du général plus belle que les
autres ; il la lui enleva. Il y eut, dans l'armée ennemie, un cri d'indignation générale ; cette clameur stridente dérouta pro-
bablement le faucon. Au lieu de revenir
vers nos tranchées, il alla placer la casquette sur un grand mât de signaux, puis
se percha sur les cordages ; on lui envoya

plus de mille balles. Effrayé par les siffle-
ments des projectiles, il parut hésiter un
instant ; il prit son vol, laissa la coiffure
du général à la cime du mât et revint vers
nous à tire-d'aile. Aussitôt un Russe s'é-
lança vers le mât et grimpa jusqu'au sommet pour rapporter la casquette du général ; malheureusement pour ce pauvre
diable, les francs-tireurs tenaient à prolon-
ger la plaisanterie ; le Russe fut atteint
par leurs balles avant d'être arrivé au but.

« Plusieurs des marins détachés au service des batteries renouvelèrent sans suc-
cès cette tentative dangereuse ; il fallut
laisser la casquette où elle était. Nos soldats se mirent alors à chanter ce fameux
refrain :

» As-tu vu la casquette au père Bugeaud ?
» Si tu ne l'as pas vue, la voilà !...

» Les clairons accompagnaient.

» Nos soldats savent, au besoin, impro-
viser des couplets. On composa une complainte qui fit le pendant de celle du pale-
tot noisette de Menschikoff. On la rédigea
au crayon, on la roula autour d'une balle,
et les avant-postes la lancèrent aux Russes. Ils avaient les paroles, et ils eurent le
loisir d'entendre l'air. On chanta jusqu'au
soir, le tout semé de coups de fusil et de
coups de canon.

» La chasse au faucon avait trop égayé
l'armée pour ne pas recommencer souvent ; on n'imagine pas à quel point e...
était arrivée la rage de la garnison. Chaque jour on ajoutait de nouveaux couple...
à la complainte ; on exposait au-dessu...
des parapets les casquettes enlevées pa...
l'oiseau, comme les sauvages exposen...

dans leurs camps les chevelures de ceux qu'ils ont scalpés.

» Enfin, ces scènes décapitantes eurent un dénouement tragique.

» Dans la journée du quatre novembre, le faucon fut sans doute rencontré par un boulet pendant qu'il s'élevait en l'air. Un bout d'aile tombé dans la tranchée nous annonça ce malheur. Les Russes furent ainsi délivrés de leur persécuteur. Il y a tout lieu de croire qu'ils ne pleurèrent pas sur son trépas. »

Peut-être l'histoire du faucon de Sébastopol est-elle empreinte de quelque exagération. Nous laissons au lecteur le soin de faire la part de la vérité,

II

LE GERFAUT

Le *gerfaut* est plus grand d'un quart que le faucon commun. Il est caractérisé par sa taille, son bec robuste, renflé, très recourbé ; ses tarses couverts de plumes dans les deux tiers de leur longueur ; sa queue longue et ample dépassant un peu les ailes.

Les gerfauts habitent l'extrême nord des deux continents ; et les naturalistes ne sont pas d'accord sur la question de savoir s'il existe deux ou trois espèces de gerfauts. Il en est qui admettent trois espèces de ces oiseaux : Le *gerfaut blanc*, qui habite particulièrement l'Islande, et

dont le plumage est d'un blanc éclatant,
avec des stries longitudinales brunes au
sommet de la tête, sur les joues et sur le
cou ; des taches d'un brun noirâtre, en
forme de fer de flèche sur les plumes du
dos ; et d'autres taches brisées en barres
sur les plumes des ailes. Le *gerfaut arcti-
que*, ou du Groënland, marqué de taches
longitudinales foncées : Ces deux gerfauts,
en avançant en âge, deviennent entièrement blancs sur le ventre, et les taches
foncées perdent de leur étendue. Enfin, le
gerfaut de Norwège, qu'on pourrait comparer « à un faucon pèlerin de grande
taille » On donne fréquemment à ces
oiseaux les noms de *faucons d'Islande* et
faucons de Norwège.

Les gerfauts habitent les hautes falai-
ses des bords de la mer, et choisissent de

préférence les endroits où des milliers
d'oiseaux de mer, qui leur assurent une
abondante nourriture, viennent nicher
pendant la belle saison. A l'encontre des
adultes, qui ne quittent jamais leur séjour
de prédilection, les jeunes, qui n'ont pas
encore les soucis de la paternité, se ren-
contrent assez loin dans l'intérieur du
pays.

Chaque couple se choisit un petit domaine où il demeure constamment ; et,
dès qu'il le quitte, il y est immédiate-
ment remplacé. On connaît, en Laponie,
des parois de rochers qui ont toujours
servi de logement à des gerfauts.

Le vol de ces oiseaux est moins rapide
et leur voix est moins éclatante que chez
le faucon commun ; mais leurs habitudes
sont à peu près les mêmes ; et tout ce

qui a rapport à une de ces espèces peut être appliqué à l'autre.

Pendant la belle saison, les gerfauts vivent à peu près exclusivement d'oiseaux marins ; pendant les froids rigoureux, ils capturent les lagopèdes ou *perdrix de neige*, très nombreux dans les buissons et les halliers des montagnes des pays qu'ils habitent ; ils chassent le lièvre ; et, à certains moments, ils ne se nourrissent que d'écureuils.

Quand ils s'attaquent aux bandes d'oiseaux de mer, leur chasse n'est jamais de longue durée ; ils arrivent, décrivent quelques cercles, fondent sur la proie, et ne manquent jamais d'emporter une victime ; par fois, ils en capturent deux en même temps.

Ils ne sont pas toujours aussi heureux

vis-à-vis des lagopèdes : Ces gallinacés, qui savent combien sont redoutables les serres du gerfaut, parviennent quelquefois à échapper à son étreinte en s'enfonçant rapidement dans la neige, et s'y enfouissent littéralement.

Les gerfauts placent leur nid, large et peu élevé, dans la crevasse d'un rocher à peu près inaccessible ; on en a vu s'établir dans un nid de corbeau dont le propriétaire avait été chassé par la force. Cependant, après l'homme, le gerfaut n'a pas de plus terrible adversaire que le corbeau ; et on voit souvent, entre ces oiseaux, des combats qui ne se terminent pas toujours à l'avantage du faucon.

Le gouvernement danois envoyait autrefois, tous les ans, en Islande, un navire spécialement chargé de rapporter des gerfauts et qu'on appelait le *navire des faucons*. Actuellement encore, on en expédie chaque année d'Islande à Copenhague.

« Les faucons blancs, dit un vieil auteur, sont les plus rares, mais peut-être aussi les plus braves : On en trouve en Islande, en Russie.

» Le roi de Danemarck envoie, tous les ans, quelques-uns de ses fauconniers en Islande, pour prendre et transporter à Copenhague, autant de faucons et de gerfauts, capables de servir, qu'on en peut avoir, soit pour sa propre fauconnerie, soit pour en faire des présents dans les cours étrangères.

» Le grand fouconnier de Malte fait aussi présent au roi de France, tous les ans, de douze de ces oiseaux ordinairement blancs, qu'il envoie par un chevalier de Malte à qui le roi fait présent de mille écus. Ces faucons blancs viennent aussi d'Islande. Les marchands fauconniers sont obligés, à peine de confiscation de leurs oiseaux, avant de pouvoir les exposer en vente, de venir les présenter au grand-fauconnier, qui retient ceux qu'il estime nécessaires aux plaisirs du roi.

» En Islande, on prend les faucons, les gerfauts et autres oiseaux de proie, par le moyen d'oiseaux dressés exprès à cet effet, et posés à terre dans des cages. Ces animaux voient en l'air le faucon à des distances incroyables; ils en avertissent, par certains cris, leurs maîtres, qui se tiennent cachés dans une petite tente couverte de verdure, d'où ils lâchent aussitôt un pigeon attaché à une ficelle : Le faucon, qui l'aperçoit, se précipite dessus, et il est pris vivant dans un filet qu'on jette sur lui. On les embarque dans des vaisseaux ; on les nourrit de viande de bœuf et de mouton, et on en prend tous les soins imaginables. On les fait reposer sur des châssis de lattes minces, couverts de gazon et de gros drap, afin qu'ils soient mollement, et en même temps fraîchement, sans quoi leurs jambes s'échauffent et deviennent sujettes à une espèce de goutte. »

« La femelle du gerfaut est employée pour le vol de la cigogne, de la grue, du héron ; le mâle sert à des entreprises qui ne demandent pas autant de force. »

« Transporté dans les pays tempérés, ce puissant oiseau ne perd rien de sa vigueur et de sa vivacité. »

III

L'AUTOUR DES PALOMBES

L'*autour* doit son nom, qui signifie *étoilé*, à la grande quantité d'étoiles brunes et rousses qui constellent son plumage ; on appelle *autour des palombes* celui que nous nous proposons de décrire, à cause de la prédilection marquée qu'il a pour les pigeons ; il les chasse de préférence aux autres oiseaux, et les colombiers n'ont pas d'ennemis plus redoutables parmi les tyrans de l'air.

L'autour se rencontre à peu près partout où habite l'épervier ; il remonte cependant un peu plus vers le nord, et est beaucoup plus commun en Allemagne qu'en France. On le trouve fréquemment dans les montagnes de la Franche-Comté, du Dauphiné, du Bugey; dans les forêts de la Bourgogne; dans celles des environs de Paris. Suivant Belon, les autours les plus estimés pour la chasse étaient ceux qu'on retirait de Grèce.

L'autour des palombes est un grand rapace de près de soixante centimètres de longueur et de un mètre quinze centimètres d'envergure : Ces dimensions s'appliquent au mâle qui est le plus petit, comme dans les autres oiseaux de proie et qu'on appelle *tiercelet d'autour*. La femelle atteint soixante-douze centimètres de longueur et un mètre trente centimètres d'envergure.

L'autour a les jambes plus longues que les autres oiseaux qu'on pourrait lui

comparer; il a les yeux rouges, et cette
couleur s'accentue davantage à mesure
qu'il vieillit. On observe, dans ces rapaces, une différence de plumage et de couleur aussi bien dans le mâle que dans la femelle; le même oiseau diffère de lui-
même à chaque période de son existen-
ce. Avant sa première mue, c'est-à-dire
pendant la première année de son âge,
l'autour des palombes porte sur la poitrine et sur le ventre des taches brunes
perpendiculaires, longitudinales; lorsqu'il
a subi ses deux premières mues, ces taches longitudinales pâlissent, s'étendent
peu à peu, finissent par se rejoindre, et
forment à l'oiseau un magnifique plastron
zébré de raies plus foncées et d'une parfaite élégance. Il est donc très facile de se
tromper sur la connaissance d'un oiseau

3.

qui, dans des âges différents, porte une livrée qui ne se ressemble plus. La queue, rubannée de zones brunes sur un fond gris, paraît beaucoup plus longue que celle du faucon, à cause de la brièveté des ailes.

L'autour niche dans les forêts de chênes, de hêtres ou de sapins des régions montagneuses; il construit, sur un arbre élevé, une aire grande et plate dont la base est formée de branches sèches et l'intérieur de ramilles vertes que l'oiseau remplace à mesure qu'elles se dessèchent; le fond de la cavité est tapissé de plumes. Le même nid sert plusieurs années au même couple. Les œufs, au nombre de trois ou quatre, sont d'un vert blanchâtre, semés de points jaunes assez rares. La femelle les couve avec tant de sollicitude qu'un coup de fusil ne la chasse pas. Le mâle et la femelle savent défendre leur progéniture avec la plus grande vaillance ; ils ne craignent pas d'attaquer les hommes qui grimpent sur les arbres où se trouvent leur nid. La croissance des jeunes est rapide ; leur première nourriture consiste en insectes, petits lézards, souris, jeunes oiseaux. L'aire devient un véritable abattoir où s'entassent les vivres de toute espèce ; les parents y apportent des nids entiers de grives et de merles ; mais la voracité des jeunes n'est jamais assouvie ; et, pressés par la faim, les plus forts attaquent et dévorent leurs frères plus jeunes.

« Les auteurs, est-il dit dans la *Revue de Zoologie*, donnent à l'autour deux à quatre œufs ; ou c'est une erreur, ou sa vertu prolifique varie notablement sūi-vant les localités.

» Nous avons trouvé, le 8 juin 1865, deux nids d'autour dans la forêt de Bel-grade; chacun contenait sept petits. Il n'y a pas de doute sur l'identité, car un des mâles a été abattu au moment où il déposait un geai sur son aire, qui en con-tenait déjà deux tout plumés; et l'un des poussins, tué le 8 septembre suivant, après avoir été élevé par nous, fait partie de la collection de la rue Scribe. Nous avons placé ces quatorze poussins, encore en duvet, dans une volière, où la nour-riture ne leur a jamais fait défaut, et nous avons trouvé en eux les plus sangui-naires des oiseaux de proie que nous ayons eu occasion d'étudier. Ils ont d'abord tué et mangé fort promptement deux

sœurs du poussin de la buse des déserts.
Dès les premiers jours, ils se sont déchi-
rés les uns les autres, et les survivants
ont enterré les morts dans leur estomac,
sans même nous en laisser les débris.
Quant au dernier des quatorze, il nous
a fallu panser ses blessures pour le con-
server jusqu'à l'époque où ses premières
plumes ont atteint leur crue : Si les autours sont aussi impuissants que nous à
faire la police parmi leurs petits, il n'est
pas étonnant que des explorateurs n'en
ait souvent trouvé que quatre et même
deux dans le nid, et qu'ils en aient induit
une ponte de deux à quatre œufs seule-
ment. Ce ne sont pas les débris des morts
qui pouvaient éclairer les naturalistes,
puisque les survivants n'en paraissent
pas laisser. Cette cruauté des poussins

expliquerait, ce qui nous a toujours paru étonnant, pourquoi un rapace, qui pond sept œufs, n'est pas beaucoup plus communs, surtout en Turquie, où sa tête n'est pas mise à prix. »

L'autour aime les bois alternant avec des champs et des prairies; mais il est plus commun dans les grandes forêts. C'est un oiseau solitaire, qui ne vit avec sa compagne qu'à l'époque de la nidification. Il est peut-être le plus farouche, le plus sauvage, le plus hardi, le plus actif et en même temps le plus fort et le plus prudent des oiseaux de proie de sa taille.

Son vol est rapide et bruyant; il chasse tout le jour et parcourt régulièrement un assez grand domaine. Si la proie est abondante dans une contrée, il y revient souvent. Il est toujours affamé; sa soif de

sang est inextinguible, et sa voracité in-
satiable ne lui permet pas de prendre un
instant de repos. Tous les oiseaux le redoutent ; les plus grands comme les plus
petits, ne sont pas à l'abri de ses attaques. Il fond sur les mammifères dont
il croit pouvoir se rendre maître ; il enlève les lièvres, les belettes. les écureuils :
Leur sang coule déjà sous les serres du
rapace avant qu'ils aient songé à s'en-
fuir ou à se cacher.

La voracité de l'autour n'est surpassée
que par sa soif de carnage : Il chasse
surtout les pigeons, et un couple de ces
oiseaux de proie peut, en quelques semaines, anéantir le colombier le mieux
peuplé ; lorsqu'il ne réussit pas à les prendre au vol, il a recours à la ruse. On a
vu un autour rester des heures entières

à l'affût, sous un toît de chaume, les plumes hérissées, ressemblant à un hibou, jusqu'à ce que les pigeons, devenus plus confiants, vinssent se percher dans son voisinage. Alors il se précipitait sur les malheureux volatiles et en emportait un qu'il avait bientôt dévoré ; un autre autour frappait à coup d'ailes la toiture du pigeonnier pour en faire sortir les pigeons que ce bruit effrayait.

« Il s'empare facilement des jeunes levrauts, dit Brehm ; quant aux vieux lièvres, il les chasse avec méthode. Le lièvre cherche son salut dans la fuite ; à plusieurs reprises, l'autour s'élance sur lui, lui donne des coups de bec ; après l'avoir ainsi blessé et épuisé, il finit par le saisir avec ses serres et l'égorger. Une telle chasse dure souvent longtemps ;

j'ai vu un lièvre combattre ainsi un certain temps avec un autour ; ils se roulaient l'un sur l'autre, sans que l'oiseau de proie lâchât prise. Un de mes amis, en qui j'ai pleine confiance, tua d'un seul coup de fusil un lièvre et un autour qui était perché sur lui. »

Buffon a étudié les habitudes de l'autour sur deux sujets qu'il a longtemps gardés chez lui, et voici le résultat de ses observations :

On a remarqué que, quoique le mâle fût beaucoup plus petit que la femelle, il était plus féroce et plus méchant. Ils sont tous deux difficiles à priver ; ils se battaient souvent, mais plus des griffes que du bec, dont ils ne se servent guère que pour dépecer les oiseaux ou autres animaux, ou pour blesser et mordre ceux

qui les veulent saisir. Ils commencent par
se défendre de la griffe, se renversant sur
le dos en ouvrant le bec, et cherchant plutôt à déchirer avec les serres qu'à mordre
avec le bec. Jamais on ne s'est aperçu que
ces oiseaux, quoique seuls dans une volière
spacieuse et placée en un lieu solitaire,
aient pris de l'affection l'un pour l'autre ;
ils y ont cependant passé la saison entière
de l'été, depuis le commencement de mai
jusqu'à la fin de novembre, époque à laquelle la femelle, dans un accès de fureur,
tua le mâle dans le silence de la nuit, à
neuf ou dix heures du soir. Le naturel de
ces oiseaux est si sanguinaire que, quand
on laisse un autour en liberté avec plusieurs faucons, il les tue tous les uns après
les autres ; cependant, il semble manger
de préférence les souris, les mulots et les

petits oiseaux. Il se jette avidement sur la
chair saignante, et refuse assez constamment de la viande cuite ; mais en le faisant
jeûner, on peut le forcer à s'en nourrir.
Il plume les oiseaux fort proprement, et
ensuite les dépèce avant de les manger,
mais il avale les souris tout entières. Son
cri est fort rauque, et finit toujours par
des sons aigus, d'autant plus désagréables qu'il les répète souvent. Il marque
aussi une inquiétude continuelle dès qu'on
l'approche, et semble s'effaroucher de
tout, en sorte que l'on ne peut passer
auprès de la volière où il est détenu sans
le voir s'agiter violemment et l'entendre
jeter plusieurs cris répétés. L'extérieur de
l'autour, ses mouvements brusques et
farouches s'accordent avec ses mœurs
qu'ils semblent déceler.

Citons encore un trait de mœurs de l'autour assez curieux pour être rapporté. Ce rapace ne se contente pas toujours d'une seule proie ; il tue et il égorge quand il en trouve l'occasion, et se réserve d'emporter les cadavres quand il n'y a plus de victimes à massacrer.

« Plusieurs autours, écrit Audubon, suivaient une bande de pigeons voyageurs, lorsque l'un d'eux fut attiré par un vol de *quiscales*.

» Ceux-ci volaient au-dessus de l'Ohio. L'autour fondit sur eux avec la vitesse de la flèche. Les quiscales se serrèrent les uns contre les autres ; on aurait dit une masse noire traversant les airs. L'autour les atteignit, en prit un, puis un second, un troisième, un quatrième, un cinquième, les égorgeant l'un après l'autre, et les laissant tomber dans l'eau. Il avait fait une chasse fructueuse avant que les malheureux eussent pu trouver un refuge dans la forêt. A ce moment, il abandonna leur poursuite, et on le vit raser la surface du fleuve, ramasser ses proies et les porter à terre. »

L'autour affamé ne recule devant aucune extrémité ; nous avons dit plus haut que les petits se dévoraient entre eux ; mais ce n'est pas encore le comble de la cruauté, puisque la mère déchire et mange ses propres petits.

Un naturaliste avait fait capture, pour le jardin zoologique de Hambourg, d'un autour femelle avec ses deux petits.

« Le matin, dit-il, je les mis dans une grande cage ; l'après-midi, quand j'allais leur donner à manger, je vis que la mère s'était déjà rassasiée ; elle avait mangé à moitié un de ses petits et égorgé l'autre. »

« Quelques jours après, ajoute le même auteur, je reçus une paire d'autours avec deux petits. Je les mis, chacun isolément, dans une cage ; je leur donnai de la nourriture en abondance, et les expédiai à leur destination. On les mit là avec un de leurs semblables, que l'on nourrissait depuis un an en captivité. Celui-ci attaqua les deux jeunes et les tua, puis il s'en prit aux vieux, les dévora, mais il fut, à son tour, mangé par un nouvel autour.

» Un forestier m'a dit avoir enfermé ensemble quatorze autours des palombes, il leur donnait abondamment à manger, et cependant, ils s'entre-dévorèrent. Pour ma part, j'ai toujours vu, en captivité, l'autour le plus fort dévorer le plus faible, que ce soit son compagnon, son enfant ou un de ses parents. Il va sans dire qu'il ne se comporte pas autrement vis-à-vis des autres rapaces. Il mange tous les animaux qu'il peut manger, ou du moins il les tue. Aussi, dès qu'il se montre, les autres oiseaux manifestent-ils toute la haine qu'ils lui portent. Les corneilles, surtout, ne se lassent pas de le poursuivre, de l'attaquer, au mépris de leur propre vie. »

Dans les Indes, où l'on chasse encore à l'oiseau, l'autour est le plus estimé de tous les rapaces.

« Le *baz*, comme on l'appelle, dit Jerdon, est dressé à chasser les outardes, les milans, les vautours, les canards, les hérons, les ibis, les faucons, etc. A la chasse du lièvre, on garnit les pattes de l'autour de bottines de cuir, pour empêcher qu'il ne se blesse aux épines ; car le lièvre entraîne toujours l'oiseau avec lui pendant quelque temps. Celui-ci ne le tient qu'avec une serre ; de l'autre, il cherche à se cramponner aux branches, aux herbes, aux racines, pour l'arrêter. Il vole droit sur sa proie, mais si elle n'est pas à une distance convenable, à cent ou deux cents brasses environ, il abandonne la chasse, revient vers le fauconnier, et se perche sur un arbre voisin, voire même sur le sol. »

IV

LE HOBEREAU

On donnait autrefois le nom de *ho-bereaux* aux petits seigneurs qui tyrannisaient les paysans, qui chassaient sans permission sur les terres de leurs voisins, et cette dénomination avait été empruntée à un petit faucon qui est toujours en chasse et dont le voisinage est fort désagréable au plus grand nombre des petits oiseaux.

Le *hobereau commun* n'atteint pas trente-cinq centimètres de longueur; il a un peu plus de quatre-vingts centimètres d'envergure. La partie supérieure du corps est brune ou d'un bleu noir tirant sur le

4

brun; la tête est grise avec deux petites bandes blanchâtres sur les côtés ; la gorge et le devant du cou sont blancs ; le dessous du corps est entièrement moucheté de larges traits bruns sur un fond blanchâtre ; le reste du ventre, les cuisses et la queue, sont bruns ; l'iris est jaune ; le bec est bleuâtre ; les pieds sont jaunes avec les ongles noirs.

Vif, agile et hardi, ce petit rapace peut rivaliser de vitesse avec les autres faucons. Comme l'hirondelle, il vole les ailes recourbées en forme de faucille, bat fréquemment l'air ; et, tout en planant, sait changer de direction avec la plus grande facilité. Il se pose rarement à terre, se perche de préférence sur les arbres, mais cependant descend sur le sol pour dévorer sa proie.

Le hobereau sait suppléer à son manque de force par son industrie ; il paraît ne pas connaître, ou du moins ne pas craindre l'effet des armes à feu. Dès qu'il aperçoit dans la plaine un chasseur accompagné de son chien, il se dit que sa bonne fortune lui envoie des pourvoyeurs ; et, sans plus de cérémonie, il les suit d'assez près en planant au-dessus de leur tête. Si le chien fait lever une alouette, une caille, et que le chasseur la manque (ce qui arrive quelquefois), le hobereau se précipite, tombe sur la victime affolée et la saisit facilement. Quelquefois, il est dupe de sa témérité : il presse avec trop d'ardeur la proie qui vient d'être lancée, et le chasseur abat d'un même coup de fusil l'oiseau de proie et le gibier.

Le mâle et la femelle sont fidèlement

unis l'un à l'autre; malheureusement ils chassent de concert, et la capture d'une proie amène souvent des discussions dans le ménage.

« Deux hobereaux, dit Brehm, chassaient de compagnie; l'un prit une hirondelle qu'il laissa tomber et qu'il reprit presque aussitôt, au moment où l'autre arrivait. Celui-ci réclama sa part de la prise; l'heureux possesseur s'y refusant, ils se donnèrent des coups de bec, et arrivèrent ainsi à terre; le vainqueur s'empara alors de l'hirondelle, et s'enfuit à tire-d'aile avant que le vaincu fût revenu de sa surprise.

» Dans ces disputes, il arrive souvent que l'oiseau capturé trouve à s'échapper. Mais, malgré ces discordes conjugales, les hobereaux sont des époux très fidèles. Ils

sont continuellement ensemble, s'efforçant
à se distraire mutuellement. »

Le hobereau fréquente les plaines voi-
sines des bois, et surtout celles où les
alouettes abondent ; il en détruit un très
grand nombre, et elles connaissent si
bien ce dangereux ennemi, que saisies
d'effroi, dès qu'elles l'aperçoivent, elles
se précipitent du haut des airs pour se
blottir et se cacher sous l'herbe ou dans
les buissons ; elles n'ont pas d'autre moyen
de lui échapper, car quoique leur vol soit
très élevé, le hobereau monte encore plus
haut. Les hirondelles deviennent fréquemment la proie de ce rapace, surtout les
hirondelles de fenêtre ; les hirondelles de
cheminée qui s'élèvent dans les hautes régions de l'air et demeurent groupées, parviennent souvent à lui échapper.

4.

« Les téméraires hirondelles que poursuivent d'ordinaire les rapaces de leurs cris
moqueurs, dit Naumann, craignent fort
le hobereau, et prennent la fuite dès qu'il
se montre. J'ai vu plusieurs fois un hobereau fondre sur une bande d'hirondelles,
et celles-ci montrer une telle frayeur de
cette attaque que plusieurs tombaient à
terre comme mortes et que je pouvais les
ramasser. Je les tenais longtemps dans ma
main, avant qu'elles osassent s'envoler.

» Les alouettes ne craignent pas moins
leur ennemi, et, à sa vue, elles se réfugient près de l'homme ; elles courent dans
les jambes des paysans et des chevaux,
et sont tellement saisies d'effroi, qu'on
peut les prendre avec la main. D'ordinaire, le hobereau vole à ras du sol.
Lorsque les alouettes l'aperçoivent de loin,

elles s'élèvent rapidement à une hauteur
où l'œil ne peut les suivre; elles font retentir leur chanson, car elles savent bien
qu'elles se trouvent là en sûreté; le hobereau ne peut prendre sa proie que de haut
en bas, et jamais il ne se hasarde à une
pareille hauteur. De même les hirondelles poussent, à son arrivée, des cris per-
çants, se ramassent en bande et s'élèvent
dans les airs. Le hobereau poursuit celles qui restent isolées près de terre et
les capture, d'ordinaire, à la quatrième
ou sixième attaque : les manque-t-il, il se
fatigue et s'en va. »

Je voyageais un jour, en voiture dé-
couverte et en compagnie de plusieurs
autres personnes, lorsque tout à coup une
alouette affolée vint se blottir sur nos
genoux où elle se laissa prendre sans

difficulté. La pauvrette était poursuivie par un hobereau, qui s'éloigna tout honteux quand il vit l'insuccès de son attaque.

La peur de l'alouette avait été si grande que, bien qu'elle fût sans blessures, elle ne pouvait se décider à s'envoler quand nous voulûmes lui rendre sa liberté.

Dans les bois, le hobereau se cache dans le feuillage, et guette les petits oiseaux dont il s'empare avec adresse. Lenz a calculé qu'un seul de ces rapaces en détruit au moins mille quatre-vingt-quinze dans une année.

Fort heureusement, il fait aussi la guerre aux reptiles, aux mulots et aux insectes; il rachète de la sorte une partie des méfaits dont il se rend coupable. On trouve souvent, dans les estomacs de ces oiseaux, des sauterelles, des libellules, des fourmis ailées, des coléoptères, qu'ils capturent facilement et en grande quantité.

L'aire du hobereau ressemble à celle des autres faucons; il la confie à un arbre très élevé et en tapisse l'intérieur de poils, de laine et autres substances molles. La femelle y dépose quatre ou cinq œufs d'un blanc sale, pointillé de rouge et marqué de petites taches noirâtres ou olivâtres.

V

LA CRÉCERELLE

La *crécerelle*, dont le nom signifie *retentir, faire du bruit,* est le plus commun de tous les faucons de France. La voix de ce rapace a quelque chose de strident et de répété assez semblable au son de l'instrument, ou plutôt du jouet que les petits enfants aiment tant à agiter au risque de rompre la tête à ceux qui les entendent.

Dans les environs de Paris, on donne à la crécerelle et particulièrement à la femelle, le nom d'*émouchet*. Dans beaucoup de contrées, on fait, du reste, une étrange erreur, en considérant le mâle et la femelle comme deux oiseaux différents.

Brisson avait appelé la crécerelle : *épervier des alouettes*; les habitants de la Sologne connaissent cet oiseau sous le nom de *mezy*; ceux de la Champagne l'appellent *rabaillet*. En Provence, il a été baptisé *ratier*; en Touraine, c'est le *pitriou*; en Poitou et en Anjou, il est connu sous le nom de *pitri*, et en Beauce, sous celui de *preneur de mulots*.

La crécerelle se retire dans les anciens bâtiments, dans les masures, dans les édifices abandonnés, à la ville et à la campagne; elle aime les ruines, et, dès les premiers jours d'avril, on la voit travailler à l'établissement de son aire.

Elle place son nid dans les crevasses des vieux châteaux, dans les fissures des tours, des clochers et dans les cavités naturelles des rochers à pic; quelquefois aussi à la cime des grands arbres, au milieu des champs, où elle ne dédaigne pas de s'établir dans un nid abandonné de pie ou de corneille. Elle fréquente encore les bois, les parcs, les jardins d'une certaine étendue, et y donne la chasse aux petits oiseaux. La femelle, plus grande, plus hardie, plus entreprenante, se rapproche davantage des lieux fréquentés.

L'intérieur des nids est tapissé de débris de racines, de mousse ou de feuilles desséchées ; la femelle y dépose de cinq à sept œufs d'un rouge plus ou moins foncé, avec des stries d'un brun rougeâtre ; elle se charge seule des soins de l'incubation ; et, pendant les trois semaines que dure cette corvée, on voit le mâle apporter à sa compagne des reptiles, des mulots, et assez fréquemment des petits oiseaux. Après l'éclosion des petits, les parents, qui chassent sans relâche, leur distribuent de gros insectes, des lézards, des souris et de jeunes oiseaux qu'ils enlèvent des nids.

Le mâle de la crécerelle a environ quarante centimètres de longueur, de l'extrémité du bec au bout de la queue ; son envergure est de quatre-vingts centimètres. Il a la tête cendrée avec un trait noir au-devant de l'œil; le dessus du corps est d'un roux-vineux, parsemé de taches noirâtres; la gorge est d'un blanc-roux; le dessous du corps est roussâtre, et moucheté sur la poitrine et le ventre de raies noires; les pennes de la queue sont cendrées, avec du noir et du blanc à l'extrémité; les grandes pennes des ailes sont d'un brun noirâtre, et la seconde est beaucoup plus longue que les autres; l'iris est d'un jaune vif; le bec, un peu courbé, cendré, est noir à l'extrémité; les pieds sont jaunes et les ongles noirs.

La femelle a le dessus du corps moins foncé que le mâle; mais son manteau est beaucoup plus chargé de mouchetures d'un brun noir; la première plume de l'aile est, comme dans le mâle, échancrée, et la seconde est la plus longue.

Ce superbe oiseau rend de véritables services en détruisant un grand nombre de mulots et d'insectes ; malheureusement, il est le tyran des petits oiseaux, et enlève quelquefois des perdrix et des pigeons. Il rôde souvent autour des colombiers ; il s'acharne sur la capture qu'il a faite et lui arrache toutes les plumes avant de la dévorer.

Tout le monde connaît les évolutions de la crécerelle lorsqu'en cherchant à découvrir sa proie, elle décrit dans l'espace une infinité de cercles concentriques. A-t-elle jeté son dévolu sur une victime, elle reste comme suspendue en l'air pour surveiller ses mouvements ; ses ailes s'agitent d'un battement court et précipité, parfois à peine sensible : soudain elle s'élance, ou plutôt tombe d'aplomb sur la proie, qu'elle emporte dans ses serres, en remontant presque perpendiculairement.

Si le rapace a mal calculé son attaque, et que son premier assaut ait été livré sans résultat, il met dans la poursuite une telle vitesse et un tel acharnement que souvent il se jette dans des dangers qu'il n'avait pas prévus. C'est ainsi qu'il n'est pas rare de voir la crécerelle entrer dans un corridor ou dans une chambre à la suite d'un moineau qui s'y est élancé à la faveur d'une fenêtre ouverte pour échapper à son ennemi. On la surprend alors en fermant l'ouverture par où elle est entrée.

Les crécerelles suivent et recherchent la société de leurs semblables; il n'est pas rare de voir plusieurs couples de ces oiseaux vivre en bonne intelligence et se soutenir mutuellement dans leurs chasses et à l'approche du danger. Il ne faudrait cependant pas croire que les membres de cette petite société vivent dans une promiscuité complète.

« Chaque couple, dit un naturaliste, a un poste qu'il s'est assigné, dans lequel le plus près voisin ne peut cependant s'introduire sans se voir repousser même par la femelle, qui va jusqu'à laisser ses œufs pour suivre l'indiscret. Ces luttes dégénèrent parfois en combats acharnés, alors qu'il s'agit de l'expulsion d'un vieux ou d'un jeune couple. Les plumes ne sont pas épargnées, et parfois, fatigués du combat, mais non vaincus, les deux adversaires, enchevêtrés dans les serres l'un de l'autre, roulent ensemble jusqu'à terre sans se lâcher, et ne se séparent que lorsqu'on s'approche pour essayer de les prendre. »

Il n'est pas rare de voir la crécerelle donner la chasse aux buses, aux milans et aux corbeaux.

« C'est avec un courage admirable, dit Tschudi, que la crécerelle attaque des oiseaux quatre ou cinq fois plus grands qu'elle. Ce duel a quelque chose de singulier. La crécerelle se précipite sur son adversaire, qui, se mettant aussitôt sur la défensive, lui présente le bec. Avec la rapidité de la foudre, le petit rapace se retourne et attaque son ennemi par derrière; mais celui-ci se retourne aussi rapidement. Ces attaques durent plus d'un quart d'heure, et presque toujours la crécerelle en sort victorieuse, et déchire son redoutable adversaire. »

Cependant, sous le rapport du bec et des serres, elle est bien moins armée que les autres faucons. Aussi, sous Louis XIII, l'avait-on, un peu par mépris, dressé à la chasse de la chauve-souris.

La crécerelle s'apprivoise facilement, lorsqu'on l'élève jeune; elle est susceptible d'être dressée, et récompense son maître par l'attachement qu'elle lui témoigne. Elle apprend à le saluer par des cris de bienvenue, et paraît heureuse de lui donner toutes sortes de marques d'amitié.

VI

L'ÉMERILLON

Le hobereau, dont nous venons de parler, est un faucon à ailes longues, faucon de bois, ou faucon percheur, tandis que

l'*émerillon* est un faucon à ailes courtes
ou faucon de rocher ; quelques ornitholo-
gistes l'appellent simplement *rochier*.

L'*émerillon* est le plus petit des oiseaux
de proie : Il est de la grosseur d'un merle ;
sa longueur est d'environ trente-cinq centimètres, du bout du bec au bout de la
queue ; son envergure est de soixante-dix
centimètres.

Presque tout le plumage de ce petit rapace est d'un roux vineux, bigarré de
raies transversales noires ; l'iris est de
couleur noisette ; le bec, bleuâtre, est noir
à son extrémité ; les serres sont noires ; la
membrane qui couvre la base du bec, le
pourtour des yeux, les jambes et les pattes sont jaunes.

Cet oiseau est vif et hardi ; son courage et son audace sont surprenants ; son

vol, peu élevé, est rapide et léger. Il s'é-
lance à la poursuite des oiseaux qu'il attaque avec une ardeur incroyable; et,
d'un coup de bec asséné sur la tête, il peut
assommer une jeune perdrix.

Il chasse particulièrement les cailles
et les grives, les alouettes et les hirondelles de fenêtre; il attaque les rats, les
mulots, les lézards et les insectes de toutes
sortes.

A cause de sa légèreté et de ses formes
gracieuses, l'émérillon était autrefois re-
cherché des jeunes pages et des dames
qui accompagnaient les seigneurs dans
leurs chasses au faucon. On a conservé
le souvenir d'un fait qui indique la rapidité et la puissance du vol de ce petit oiseau de proie :

Le roi Henri II chassait dans les environs de Paris, lorsqu'un émerillon, qui lui appartenait, s'emporta après une canepetière. Bientôt les chasseurs perdirent de vue l'oiseau poursuivant et l'oiseau poursuivi. Toutes les recherches faites pour retrouver le petit faucon demeurèrent inutiles; on le croyait perdu, lorsqu'on apprit que le lendemain du jour de la chasse, il avait été pris dans l'île de Malte. On le reconnut à l'anneau royal qu'il portait au tarse, et il fut remis à son propriétaire.

Dans cette espèce, la femelle n'est guère plus grosse que le mâle, ce qui est une exception parmi les oiseaux de proie. Elle suspend son nid aux branches les plus élevées des grands arbres, et y pond cinq ou six œufs, presque ronds, d'un rouge pâle parsemé de taches plus foncées.

La sagacité de l'émerillon n'est pas moins grande que son courage et sa hardiesse :

« Je chassais aux bécassines, dit un naturaliste anglais, dans les tourbières de l'ouest de l'Irlande, et je puis dire qu'un émerillon fut, chaque jour, mon compagnon fidèle.

» C'était au commencement de novembre. Je sortais généralement vers onze heures du matin, et rapportais le soir, en moyenne, de dix à vingt paires de bécassines, quelques lièvres, quelques bécasses et quelques canards sauvages. Je me rappelle parfaitement la première fois que l'émerillon s'approcha dans le but évident de prendre part à ma chasse. Je venais d'entrer dans une de ces tourbières fangeuses toujours riches en gibier, lorsque

deux bécassines se levèrent près du bord.
Je tirai mes deux coups : l'une fut tuée
raide; l'autre, blessée, s'éleva à une hauteur considérable, et, d'après la direction
de son vol, elle devait nécessairement
tomber au milieu d'un marais que je venais de quitter. Tandis que je la suivais
des yeux, j'aperçus cet émerillon s'ap-
prochant à tire-d'ailes, comme s'il eût
craint d'arriver trop tard. La bécassine
essaya de s'élever encore; mais, trouvant
cette tâche au-dessus de ses forces, elle
s'abandonna, pour ainsi dire, à la brise
assez fraîche en ce moment, et, contrairement à ses habitudes, fuyant sous le
vent, elle sembla compter, pour son salut, sur la rapidité de son vol; cependant, quelque rapide qu'il fût, celui de
son ennemi l'était plus encore : je pus

constater que l'émerillon gagnait peu à peu sur la bécassine, et qu'il s'en empara.

» Quelques jours après, je retournai à la même tourbière, j'y retrouvai mon faucon, qui vola aussitôt vers moi, comme pour me recevoir et dire : « Soyez le bienvenu ; je vous ai attendu longtemps ; alors, à la besogne ! »

» Et, en effet, il se montrait plus confiant que jamais, me suivant d'un marais à l'autre, et paraissant se rendre parfaitement compte des fonctions du chasseur et du chien. Il comprit bientôt qu'il aurait beaucoup moins de peine à s'emparer d'un oiseau blessé qu'à en poursuivre d'autres en parfaite santé ; car il ne s'amusait pas à courir après les bécassines qui se levaient hors de ma portée ; il se reposait sur mon adresse pour retarder

le vol de celles qui partaient près de moi,
et rendre ainsi la tâche plus facile.

» Si une bécassine était tuée sur le coup,
il la dédaignait ; mais si elle voltigeait et
tombait à quelque distance, il fondait sur
elle dès qu'elle touchait la terre, et se met-
tait à la plumer et à la dévorer. Je m'é-
tais fait la loi de ne pas le troubler ; mais
mon agile domestique irlandais était obli-
gé de courir promptement s'emparer de
l'oiseau blessé avant que le petit chasseur
eût commencé son repas. Quand ce dernier devinait notre intention, il se hâtait
d'emporter sa proie à une certaine distance, d'où il protestait à grands cris contre
un acte qu'il regardait apparemment
comme une violation de ses droits.

» Après trois ou quatre chasses de ce
genre, l'émerillon s'adjoignit une femelle

qui, ainsi que lui, se montra fort exacte
à m'accompagner dans toutes mes expédi-
tions contre les bécassines. Quand, parfois, nos petits amis n'étaient pas là pour
me recevoir à mon arrivée à la tourbière, ils arrivaient à mon premier coup de
feu, et malheur à toute bécassine touchée
le moins du monde, elle n'avait aucune
chance d'échapper à leurs efforts réunis.
Ils s'élevaient tous les deux au-dessus
d'elle par des évolutions circulaires ; puis
l'un s'élançait sur la victime, et, s'il
manquait son coup, l'autre lui succédait
aussitôt ; de sorte que la pauvre bécassine, hors d'état de s'élever davantage ou
d'éviter plus longtemps le coup fatal,
était enfin saisie. Le repas durait à peu
près une heure, au bout de laquelle les
faucons reparaissaient ; mais ils ne quit-

taient jamais la chasse avant d'avoir au moins trois bécassines pour leur part.

» Ce ne fut pas sans regret que je me séparai de ces compagnons qui, pendant deux mois, s'étaient constamment associés à ma fortune, et qui avaient partagé mes plaisirs en me rendant témoins de leurs gracieuses manœuvres; je suis aujourd'hui convaincu qu'il est possible d'établir des relations, sinon familières, du moins amicales, entre l'homme et beaucoup d'animaux portés par leur nature sauvage à éviter sa présence, et cela, sans autre peine que la simple observation de ce précepte : « Vivez et laissez vivre. »

VII

L'ÉPERVIER

L'*épervier commun* est caractérisé par un corps allongé, une tête petite, un bec mince, fortement crochu, des ailes courtes, une queue longue, tronquée à angles droits; cet oiseau est commun partout en Europe. On appelle plus particulièrement la femelle *épervier*, et on donne le nom de *petit épervier*, ou *tiercelet* au mâle, qui est aussi connu sous la dénomination de *mouchet* ou *émouchet*, qu'on applique également à la femelle de la crécerelle.

Le mâle de l'épervier commun, ou petit épervier, a trente-trois centimètres

de longueur et soixante-six centimètres
d'envergure ; la femelle a environ huit
centimètres de plus en longueur et quatorze centimètres en envergure. L'un et
l'autre ont le plumage supérieur brun
avec une teinte roussâtre qui borde chaque plume, dans la femelle, et qui, dans
le mâle, ne forme qu'une tache à leur extrémité. Ils portent des marques blan-
ches à l'occiput ; tout le plumage infé-
rieur est d'un blanc moucheté de brun,
mais dont les taches varient de forme. Le
fond du plumage change suivant l'âge et
le nombre des mues que les éperviers ont
subies ; à mesure qu'ils vieillissent, le
plumage devient moins foncé. L'iris est
jaune ; la base du bec est bleuâtre, dans
la femelle, et son crochet est noirâtre ; le
noir est plus étendu sur le bec du mâle ;

la peau nue qui couvre le bec à son origine est d'un jaune verdâtre. Les cuisses sont fortes et charnues comme dans les autres oiseaux de proie ; les jambes, longues et menues, sont jaunâtres ; les doigts, fort longs, sont très déliés ; les ongles sont noirs.

Plein d'ardeur et de feu, l'épervier était autrefois dressé à la chasse de la perdrix et de la caille. Dans l'état de liberté, il fait une guerre cruelle aux petits oiseaux : Il est leur ennemi le plus terrible. Depuis la perdrix jusqu'au roitelet, aucun n'est en sûreté devant lui.

Il prend les pigeons écartés de leur troupe, et rôde souvent, dans cette intention, autour des colombiers ; il attaque les merles, les étourneaux, les grives, les pics et les geais, triomphe du faisan,

fond sur les jeunes lapereaux et sur les lièvres. Il est si hardi et si intrépide qu'il
prend à partie des êtres qui lui opposent
une vigoureuse résistance.

« Me promenant un jour dans la forêt,
raconte Naumann, je vis un héron qui
volait tranquillement en rasant la cime des
arbres. Tout à coup un épervier sortit du
fourré, saisit au cou le héron surpris,
et tous deux s'abattirent en poussant des
cris épouvantables. J'accourus en toute
hâte ; malheureusement l'épervier m'a-
perçut trop tôt, il lâcha prise et s'enfuit.
J'aurais bien aimé savoir ce qui serait ad-
venu de ce combat inégal ; si le téméraire
rapace aurait fini par vaincre le héron et
par l'égorger. »

Tous les oiseaux connaissent ce terrible ennemi ; tous le redoutent et cherchent

tous les moyens de lui échapper. Les moineaux se réfugient dans les trous de souris ; quelques espèces décrivent des cercles très serrés autour des branches d'arbres et profitent de la surprise du rapace pour se blottir au plus épais du fourré ; d'autres se laissent tomber à terre et demeurent immobiles ; les plus agiles, notamment les hirondelles, se réunissent en bandes et le poursuivent en poussant des cris qui avertissent les oiseaux d'alentour.

Rarement l'épervier manque son attaque ; il capture souvent deux oiseaux du même coup ; il porte sa proie dans un endroit caché, lui arrache les grandes plumes et la mange. Nous avons fréquemment rencontré au pied des arbres des petits tas de plumes des différents oiseaux dont l'épervier s'était nourri,

« Dans le sud de l'Oural, dit un voyageur, c'est l'oiseau le plus employé surtout à la chasse des cailles. On dresse les jeunes éperviers en été et en automne ; on les emploie à la chasse, puis on leur rend leur liberté ; il n'est nullement avantageux de les nourrir tout l'hiver, car, en été, on peut se procurer autant de jeunes qu'on en a besoin. Les grandes femelles seules sont dressées à la chasse ; les mâles y sont impropres. »

La défiance, la sauvagerie, la voracité des éperviers les rendent désagréables en captivité ; le spectacle de leur cruauté est repoussant.

« Je reçus, dit Lenz, un épervier femelle ; il avait poursuivi un loriot dans un buisson d'épines, et cela avec une telle fureur qu'il s'était pris au milieu des branches. Je lui attachai les ailes, et le mis dans une chambre, en présence de onze personnes qu'il regardait avec des yeux étincelants de colère. Je pris six jeunes moineaux, j'en laissai courir un ; l'épervier se précipita sur lui, le saisit, l'étrangla dans ses serres, et, regardant les spectateurs, demeura sur sa proie qu'il serrait fortement dans ses griffes. Comme il ne voulait pas manger, nous sortîmes, et lorsque, dix minutes après, nous rentrâmes, le moineau était dévoré. Il en fut de même de deux autres moineaux ; quant au quatrième, il le prit et le tua comme les trois premiers, mais dix minutes après, il n'en avait mangé que la moitié. Il n'en tua cependant pas moins le cinquième et le sixième, sans les manger, tant son estomac était plein. »

Il paraît néanmoins prouvé que l'état de domesticité peut modifier le naturel farouche et cruel de l'épervier.

« Il y a quelques années, raconte le docteur Franklin, un jeune épervier fut acheté par un de mes amis. C'était une acquisition un peu dangereuse, car celui-ci possédait en même temps une paire de pigeons remarquables par leur rareté et dont il faisait grand cas. La douceur et les bons soins parurent modifier le naturel de l'épervier. Peut-être l'honneur de ce changement revient-il à une autre cause : c'est-à-dire à la régularité avec laquelle il était nourri. La férocité est, chez les oiseaux de proie comme chez les mammifères carnassiers, une loi de la nature basée sur leur genre d'alimentation. En rendant la destruction inutile

par le soin qu'on a de pourvoir à leur nourriture, on réprime ce penchant, qui n'est
point du tout nécessaire à leur bonheur.
A mesure que l'épervier croissait en âge,
en taille et en force, sa familiarité aug-
mentait aussi. Ces bonnes dispositions l'a-
menèrent à faire connaissance avec les
pigeons qu'on avait rarement vus en pareille société. Partout où allaient les pigeons pour chercher leur nourriture, et
ils venaient quelquefois la prendre jusque
dans les mains de leur maître, l'épervier
les accompagnait.

D'abord les pigeons se trouvèrent
effrayés d'un pareil voisinage; mais peu
à peu ils surmontèrent leur crainte, et ils
mangèrent auprès de l'épervier avec autant de confiance que si les anciens ennemis de leur race n'avaient point envoyé

près d'eux un représentant pour l'associer
à leur banquet. Il était curieux d'obser-
ver, pendant leur repas, l'enjouement et
la parfaite bienveillance de ce convive;
car l'épervier recevait son morceau de
viande sans aucun de ces signes de férocité avec lesquels les oiseaux de proie
prennent ordinairement leur curée. Il
suivait les pigeons dans leur vol, çà et là
autour de la maison et des jardins, et se
perchait avec eux sur le faîte de la cheminée ou sur le toit. Le soir, il se retirait
avec eux dans le colombier, et quoique,
durant les premiers jours, il fût le seul et
unique occupant de ces lieux, les pigeons
n'ayant pas d'abord aimé la présence dé
cet intrus, il devint bientôt un des hôtes
de la maison; il ne troubla jamais le repos de ses amis, n'abusa pas davantage

6

des droits de l'hospitalité, même lorsque les pigeonneaux, sans plumes et désarmés qu'ils étaient, devaient offrir une forte tentation à son appétit. Il semblait malheureux toutes les fois qu'on le séparait de ses camarades de chambre. Après quelques jours de séquestration dans un autre local, il retournait invariablement au colombier. Durant cet emprisonnement, il faisait entendre des cris très mélancoliques et appelait de toutes ses forces la délivrance; mais ces lamentations se changeaient en cris de joie à l'arrivée de quelques personnes qu'il connaissait. Tous les gens de la maison étaient avec lui dans termes d'intimité. Je n'ai jamais vu un oiseau qui ait gagné autant que celui-là le cœur et les bonnes grâces de tous ceux qui l'approchaient;

et, en vérité, il le méritait bien. Il était folâtre comme un jeune chat et littéralement amoureux comme une colombe. Cependant son naturel n'était pas aussi modifié qu'on eût pu le croire. Malgré l'éducation, notre oiseau était resté un épervier ; on s'aperçut de cela dans une occasion qui ne manque pas d'intérêt. Un voisin nous avait envoyé un hibou brachyote, auquel il avait cassé l'aile accidentellement. Après avoir pansé la fracture et avoir guéri le blessé, nous songeâmes à adoucir sa captivité en lui accordant un peu plus de liberté que celle dont il jouissait dans une cage à poulets. A peine l'épervier eut-il aperçu notre nouvelle connaissance, qu'il fondit sur le pauvre hibou sans aucune miséricorde ; et, chaque fois qu'ils se trouvèrent en présence,

il s'engagea une série de combats remarquables par l'adresse et le courage des
combattants. La défense du petit hibou
était admirablement conduite ; il se jetait
sur le dos et attendait les attaques de son
ennemi avec une patience rare, préparé
qu'il était à les recevoir, et, frappant,
mordant ou égratignant, il déconcertait
souvent son adversaire. Ces luttes in-
cessantes ne produisirent point l'amitié ;
et lorsque le hibou se sentit assez fort,
il profita d'une occasion favorable pour
gagner les bois, laissant l'épervier maître
du terrain. »

L'épervier niche à la cime des arbres ;
son nid, construit d'une manière gros-
sière, se compose de branches sèches ; le
centre, peu spacieux, est tapissé avec
quelques plumes ; souvent aussi, il uti-

lise les nids abandonnés de corneille et de pie. La femelle pond cinq ou six œufs, arrondis, de couleur blanchâtre ou bleuâtre, avec quelques taches d'un rouge noir.

Les anciens attachaient à l'épervier des idées mystérieuses ; en Egypte, on lui rendait les honneurs divins. De nombreux préjugés avaient cours sur cet oiseau : On pensait que c'était de ce rapace que naissait le coucou. On racontait, chez les gens du peuple, que chaque soir, pendant la saison rigoureuse, l'épervier capturait un moineau franc, et le pressait contre sa poitrine, jusqu'au lendemain matin. Alors, pour le récompenser de l'avoir préservé du froid, pendant la nuit, il lui rendait sa liberté sans lui faire aucun mal.

C.

La chair et même les excréments de cet oiseau de proie étaient en usage dans l'ancienne pharmacopée : On lui attribuait la propriété de guérir l'épilepsie et certaines maladies de la peau.

VIII

LE MILAN

On a de tout temps, dit Buffon, comparé l'homme grossièrement impudent au milan, et la femme tristement bête à la buse. Quoique ces oiseaux se ressemblent par le naturel, par les dimensions du corps, par la forme du bec et par plusieurs autres traits de leur organisation, il est néanmoins facile de distinguer le milan, non-seulement des buses, mais de tous les oiseaux de proie, par un seul caractère bien apparent : sa queue est fourchue; les pennes médianes, étant beaucoup plus courtes que les autres, laissent paraître un intervalle qui s'aperçoit de loin, et a fait donner à ces oiseaux le surnom d'aigles à queue fourchue.

Le *milan royal* est un grand oiseau de haut vol, long de soixante-six centimètres, avec une envergure de un mètre soixante centimètres. Les plumes de la tête, de la gorge et du haut du cou sont longues et étroites; la couleur dominante est une nuance grisâtre sur certaines parties, roussâtre sur les autres, marquée de taches brunes oblongues dans le sens des plumes; les cinq premières pennes des ailes sont noires, les autres sont brunâ-

tres; celles de la queue sont rousses et
leur extrémité est blanchâtre.

Le milan royal, lorsqu'il vole, étend
ses longues ailes et se balance en l'air,
où il demeure longtemps, pour ainsi dire
immobile, sans que les ailes paraissent
s'agiter; mais il dirige à son gré tous ses
mouvements par ceux de sa queue. Toujours maître de son vol, il le précipite, le
ralentit, s'élance ou demeure suspendu
au même point suivant les circonstances;
sa vue est extrêmement perçante.

Ce vigoureux rapace ne donne la chasse
qu'aux mulots et aux jeunes oiseaux; à
leur défaut, il se rabat sur les reptiles,
les sauterelles même, le poisson mort que
le flot rejette sur le rivage, et quelquefois
sur les viandes corrompues. Il ne craint
pas d'approcher des lieux habités; il en-

lève beaucoup de jeunes canards, d'oisons et de poulets ; mais la seule colère d'une poule suffit pour le mettre en fuite.

On l'a nommé milan royal parce qu'il servait au plaisir des princes, qui lui faisaient donner la chasse et livrer combat par le faucon ou par l'épervier dressés ; mais l'épithète de *royal* n'était que flétrissante pour le milan.

Paresseux, assez lourd, passablement lâche, cet oiseau était réputé *ignoble*, parce qu'il n'est susceptible d'aucune éducation, quoiqu'il paraisse doué de force, de légèreté, de toutes les armes, de toutes les facultés, en un mot, qui devraient lui donner le courage. Il refuse de combattre et fuit devant l'épervier beaucoup plus petit que lui, toujours en tournoyant et s'élevant pour se cacher dans les nues. Il se dérobe, jusqu'à ce que l'épervier, plus actif et surtout plus courageux, l'atteigne, le rabatte à coups d'ailes, de serres et de bec, et le ramène à terre, moins blessé que battu, et plus vaincu par la peur que par la force de son ennemi.

« Les milans sont des animaux tout à fait lâches, écrivait à Buffon l'un de ses nombreux correspondants; je les ai vus poursuivre à deux un oiseau de proie pour lui dérober ce qu'il tenait, plutôt que de fondre sur lui, et encore ne purent-ils y réussir. Les corbeaux les insultent et les chassent. Ils sont aussi voraces, aussi gourmands que lâches : je les ai vus prendre, à la surface de l'eau, de petits poissons morts et à demi corrompus; j'en ai vu emporter des couleuvres dans leurs serres, d'autres se poser sur des cadavres de chevaux et de bœufs; j'en ai vu fondre sur des tripailles que des femmes lavaient le long d'un petit ruisseau, et les enlever presque à côté d'elles. Je m'avisai de présenter une fois un pigeonneau à un jeune milan que des enfants élevaient dans la maison que j'habitais, il l'avala tout entier avec les plumes. »

Tous ces faits sont authentiques; mais le milan ne serait sans doute pas plus lâche que les autres rapaces, si la nature avait mis à sa disposition des serres puissantes.

Il faut en convenir, dit Mauduyt, la serre est la première arme des oiseaux de proie : c'est celle dont ils frappent, arrêtent, saisissent, retiennent et enlèvent leur proie; c'est donc nécessairement la serre qui peut donner la mesure de leur courage, parce qu'elle est la mesure de leurs facultés. Le milan n'est lâche et pusillanime que parce qu'il est mal armé.

De quelle ressource peuvent être la force et la masse contre une arme très acérée et fort adroitement maniée? — Elles sont plus nuisibles qu'utiles, parce qu'elles offrent plus de prise aux coups, plus de surface aux attaques et n'en mettent pas à l'abri.

En décrivant le milan nous pouvons le plaindre, mais sa conduite n'a rien de flétrissant : sa serre est courte, peu flexible, tandis que celle de l'épervier est longue, acérée, et se prête à tous les mouvements.

Le courage de l'homme est en raison directe de sa confiance dans les forces qu'il se connaît, ou dans les armes dont il dis-

pose ; sa témérité est le résultat d'une vaine
confiance dans des moyens qui lui feront
défaut. L'animal que l'instinct seul con-
duit et dirige sous la main de la nature,
est courageux s'il a lieu de l'être ; mais il
ne saurait être téméraire, parce que la
témérité est le produit d'un orgueil dont
les animaux ne sont pas susceptibles.

» Malgré tous ses défauts , dit Brehm,
le milan royal est un des oiseaux les
plus utiles de nos contrées, par les chasses continuelles qu'il fait aux nuées de
campagnols qui dévastent nos champs ;
chaque jour il en détruit des quantités
considérables, soit pour sa propre nourriture, soit pour celle de ses petits. Lorsqu'on tient compte du nombre d'insectes et de rongeurs nuisibles qu'il dévore,
on est porté à lui pardonner le rapt d'un

gibier ou d'une jeune oie ; s'il était moins impudent, moins mendiant, s'il ne forçait les faucons à enlever plus qu'ils n'ont besoin pour eux-mêmes, nous lui donnerions une place d'honneur parmi les alliés de l'agriculture. »

Le milan royal s'apprivoise facilement.

« Pendant longtemps, raconte Berge, j'ai eu un milan que je tenais dans un grenier. Plus tard, il dut partager cette demeure avec deux chats à demi adultes. Chaque jour, on leur donnait du pain trempé dans du lait. Au commencement, l'oiseau ne parut porter nulle attention à ses compagnons ; mais bientôt il se mit à les chasser de leur mangeoire, et, au bout de peu de temps, il en arriva à ne plus toucher à la viande qu'on lui donnait, et à vider deux fois par jour une assiette remplie de pain et de lait. On dut enlever les chats pour les empêcher de mourir de faim. Tant qu'ils furent dans le grenier le milan ne mangea pas de viande; mais il ne souffrit pas que les chats y touchassent. »

Moins égoïste était le milan apprivoisé dont parle Lenz :

« Un de mes amis, dit-il, a eu longtemps un milan royal dont les ailes étaient paralysées ; on le laissait libre dans le jardin. Il y construisit un nid, pondit deux œufs et les couva avec assiduité... L'année d'après, il recommença. On mit alors dans son nid trois œufs de poule qu'il couva. Lorsque les petits furent éclos, il les retenait à l'aide de son bec quand ils voulaient se sauver, les poussait sous lui, cherchait à les nourrir avec des morceaux de viande ; mais ils périrent rapidement. »

Le milan construit à la cime des arbres une aire grossièrement façonnée ; quelquefois il s'empare d'un ancien nid de corneille ou de faucon. Dans les pays de montagnes, il place son nid dans un buisson suspendu aux flancs d'un rocher. La femelle pond deux ou trois œufs oblongs, d'un blanc sale, portant à une des extrémités une couronne de petits points noirs ; elle couve seule, et, pendant ce temps, le mâle la nourrit.

Tous deux prennent ensuite part à l'éducation des jeunes.

IX

LES BUSARDS

Les busards se distinguent des buses par leurs proportions plus petites et plus sveltes, par leurs ailes plus longues, par la collerette de plume qui entoure leur cou et leur donne certain rapport de physionomie avec les chouettes. Ils sont pleins d'ardeur et de courage. Autant les buses paraissent lourdes et stupides, autant les busards ont de légèreté et de grâce. Quand ils chassent autour des buissons ou dans la plaine, leur vol a l'élégance de celui de l'hirondelle ou de la mouette ; ils paraissent prendre plaisir à se balancer en

7.

imprimant à leurs ailes un mouvement de bascule presque continuel.

La variabilité du plumage de ces oiseaux avait fait croire à un grand nombre d'espèces européennes; on sait aujourd'hui que beaucoup d'individus se distinguant les uns des autres, peuvent cependant être rapportés aux trois principales espèces : Le busard des marais ou harpaye, le busard Saint-Martin et le busard Montagu.

Le *busard des marais* ou *harpaye* fréquente les lieux humides, les buissons, les bruyères des terrains marécageux, les joncs et les roseaux des étangs, le voisinage de quelques rivières. Il est la terreur des foulques, des poules d'eau, des plongeons, des canards et autres oiseaux aquatiques; à défaut de gibier, il mange des reptiles, des crapauds, des grenouilles, des insectes, des musaraignes et des rats d'eau.

Le nid du harpaye, grossièrement construit de roseaux ou de chaume, est placé, le plus souvent, dans les joncs des marais ou sur une petite éminence voisine de l'eau. La femelle pond de trois à cinq œufs d'un blanc verdâtre ; et, pendant qu'elle se dévoue aux soins de la couvée, le mâle cherche à la distraire par les exercices de vol auxquels il se livre.

« Il s'élève dans les airs, dit un naturaliste, à une hauteur extraordinaire ; il pousse des cris plaintifs, plus ou moins agréables, se laisse tomber en se balançant, remonte pour se laisser tomber de nouveau, et cela, pendant des heures entières. »

Quoique le busard soit plus petit que la buse, il lui faut beaucoup plus de nourriture, vraisemblablement parce qu'il est plus vif, plus ardent, qu'il se donne beaucoüp plus de mouvement.

Lorsque les petits sont éclos, les deux parents leur apportent en abondance une nourriture convenable; ils leur témoignent la plus grande affection, et savent, en cas de danger, les défendre avec courage.

Le harpaye des marais a environ cinquante-huit centimètres de longueur, et un mètre trente à un mètre trente-huit centimètres d'envergure.

Le mâle adulte a un plumage fort bigarré; les plumes de son corps sont de couleur de rouille; celles du dessus de la tête sont brunes bordées de jaunâtre; les joues et la gorge sont d'un jaune pâle avec des traits foncés. La partie antérieure du cou et le haut de la poitrine sont jaunes avec des taches brunes longitudinales. Quand les ailes sont pliées elles s'étendent presque jusqu'au bout de la queue. Les pieds sont jaunes et les ongles sont noirs ; le doigt extérieur tient au doigt du milieu par une membrane.

Le *busard Saint-Martin* tire son nom de l'époque à laquelle il a été observé à son passage en France. La teinte générale de son plumage est d'un bleu gris. Plus petit que l'espèce précédente, il porte une élégante collerette de plumes fines, passées les unes contre les autres et de couleur d'un gris-bleu pâle.

On trouve le nid de ce busard dans les joncs, dans les bois marécageux. La femelle pond quatre ou cinq œufs qui ressemblent à ceux du harpaye, mais qui sont un peu plus petits.

« Ce busard et le busard des marais, dit un observateur, sont classés dans la catégorie des oiseaux que les chasseurs considèrent comme des concurrents dangereux. Quoiqu'il soit incontestable que les busards capturent assez souvent le *gibier-plume* ou même le *gibier-poil*, selon l'expression des Nemrods modernes, il est tout à fait incontestable qu'ils purgent les propriétés d'une grande quantité de reptiles, de lézards, de petits rongeurs, de belettes, etc., et que, dès lors, dans le procès qu'on leur intente, on devrait inscrire à leur dossier ces considérants très favorables à leur acquittement. »

C'est à un savant naturaliste anglais qui le premier le distingua du busard Saint-

Martin, que le *busard-Montagu* doit son nom. Le busard Montagu se distingue de son congénère par sa forme plus svelte et plus légère, par ses ailes qui ne couvrent que les deux tiers de la queue, par plusieurs barres noirâtres qu'il porte sur les couvertures inférieures des ailes.

« Le Montagu, dit M. Barbier-Montaut, arrive dans le département de la Vienne vers la mi-avril, à l'époque où le busard Saint-Martin nous quitte ; il s'établit de suite dans les landes d'une grande étendue. Contrairement à beaucoup d'autres oiseaux de proie, le Montagu aime à vivre en société, et ils se réunissent souvent en grand nombre. C'est au milieu des coupes de bois, sur les tas de fagots qu'ils aiment à se poser pour épier leur proie ; rarement ils perchent sur les grosses bran-

ches des arbres. Ils chassent de préférence en tout temps les insectes, mais surtout dans les mois d'août et de septembre.
Ils se nourrissent de sauterelles ; du moins
ceux que j'ai ouverts à ces époques (peut-
être une cinquantaine) n'avaient dans l'estomac que des sauterelles, et toujours en
grande quantité. On peut juger par là de
ce qu'ils détruisent. Bientôt après leur
arrivée , ils s'apparient et placent à terre
leur nid, très grossièrement construit en
bûchettes ; plusieurs nichées s'établissent
dans le même bois ; le mâle et la femelle
ne se quittent guère alors , et reviennent
souvent dans la journée au lieu qu'ils ont
choisi. Munis de moyens puissants de vol,
l'air semble être leur élément ; ils planent
presque continuellement, et à peine aper-
çoit-on un léger mouvement dans leurs

longues ailes ; comme les oiseaux noctur-
nes, ils ne font aucun bruit en volant. Par
une belle matinée de printemps, le mâle et
la femelle aiment à faire mille évolutions ;
on les voit s'élever en tournoyant à des
hauteurs prodigieuses, en faisant entendre
un léger cri, pour redescendre bientôt
après au même lieu en faisant de nom-
breuses culbutes. A certaines heures du
jour, ils quittent l'intérieur du bois pour
faire des excursions dans la campagne ;
leur vol est bas et longtemps soutenu. Si
cet oiseau aperçoit quelque objet qui le
frappe, il revient plusieurs fois pour l'exa-
miner et même le toucher.

» Caché un jour dans un endroit fré-
quenté par ces oiseaux, je plaçai près de
moi une effraie empaillée ; aussitôt qu'un
Montagu l'apercevait, il venait voltiger

autour, et, de la sorte, en très peu de
temps, j'en tuai une vingtaine. A la mi-
août, les couvées sont terminées ; alors
toutes les nichées se réunissent pour passer la nuit ensemble, et ce sont les marais que ces oiseaux choisissent pour retraite. Lorsque le soleil commence à des-
cendre vers l'horizon, on voit arriver de
tous les côtés un grand nombre de Montagus ; ils se posent sur une motte, sur le
haut d'un sillon, et attendent le crépus-
cule ; ils se lèvent alors et se dirigent
droit au marais, choisissant toujours, pour
passer la nuit, les endroits où l'herbe est
plus basse. Je me suis quelquefois placé à
l'endroit même où ils se couchent ; je les
voyais voltiger autour de moi par centai-
nes, je pourrais dire par milliers, tant
le nombre en était grand ; ils sont peu

défiants dans ce moment, les coups de fusils les épouvantent à peine, et toujours
j'en tuais un bon nombre. Ils quittent leur
retraite au grand jour, et cherchent près
de là les endroits abrités où ils puissent
jouir des premiers rayons du soleil pour
sécher leur plumage. Près du marais,
existe un superbe tumulus entouré de
dolmens qui, tous les matins, en août et
septembre, sont couverts, du côté du le-
vant, d'une troupe de Montagus. Cette
espèce présente une variété noire qui n'est
pas rare et se reproduit tous les ans dans
notre localité. »

Les busards saisissent habilement les
taupes au moment où elles soulèvent la
terre ; ils sont d'une voracité extrême ; et,
en captivité, on les a vus se dévorer entre
eux.

Un naturaliste qui conservait plusieurs de ces rapaces enfermés dans la même volière, les vit se précipiter les uns sur les autres, se déchirer, se dévorer. Il ne restait plus qu'une femelle qui, dans la lutte, avait reçu des blessures si graves qu'elle ne tarda pas à mourir.

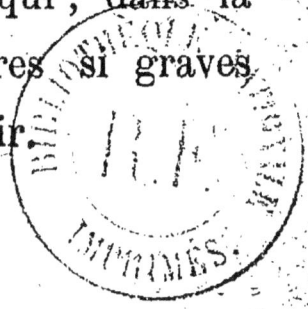

FIN

Limoges. — Imp. Marc Barbou et Cie.

www.ingramcontent.com/pod-product-compliance
Lightning Source LLC
Chambersburg PA
CBHW071201200326
41519CB00018B/5317